FABRICATION DES ÉTOFFES

TRAITÉ

DU

TRAVAIL DES LAINES

PARIS. — TYPOGRAPHIE HENNUYER ET FILS, RUE DU BOULEVARD, 7.

FABRICATION DES ÉTOFFES

TRAITÉ

DU

TRAVAIL DES LAINES

Notions historiques. — Progrès techniques.
Développement commercial. — Classification. — Caractères.
Propriétés. — Filature.
Apprêts des fils. — Tissage. — Dégraissage. — Feutrage et Foulage.
Apprêts des lainages. — Installation d'une usine.
Prix de revient.
Comparaison entre les moyens de l'ancien
et du nouveau régime industriel.

PAR M. ALCAN

INGÉNIEUR

PROFESSEUR DE FILATURE ET DE TISSAGE AU CONSERVATOIRE IMPÉRIAL DES ARTS ET MÉTIERS
MEMBRE DU JURY DES EXPOSITIONS INTERNATIONALES
DU CONSEIL DE LA SOCIÉTÉ D'ENCOURAGEMENT, DU COMITÉ DE LA SOCIÉTÉ DES INGÉNIEURS CIVILS
ET DES PRINCIPALES SOCIÉTÉS SCIENTIFIQUES ET INDUSTRIELLES

ATLAS

PARIS
NOBLET & BAUDRY, LIBRAIRES-ÉDITEURS
RUE DES SAINTS-PÈRES, 13
LIÉGE, MÊME MAISON

1866

TABLE DES PLANCHES

Épuration des laines.

Filature.

Tissage.

Dégraissage et foulage.

Feutrage et foulage.

Apprêts.

Laine. **TONDEUSE A LAMES HÉLICOIDALES DE LÉONARD DE VINCI** Pl. I

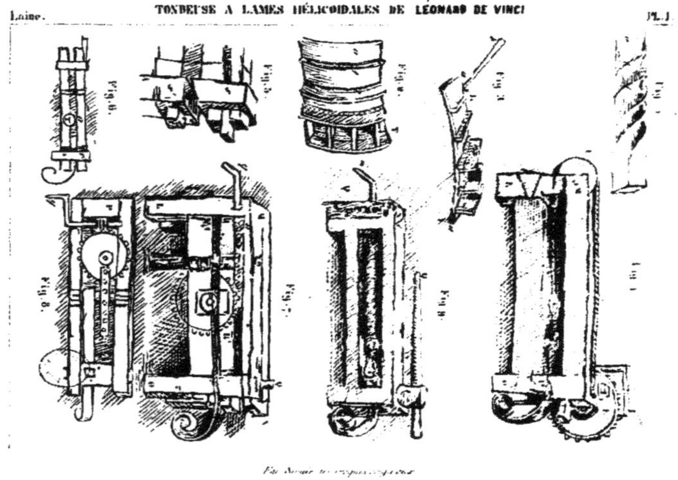

FIBRES ANIMALES GROSSIES 200 FOIS.

Pl. II

1 2 3 4 5 6 7

8 9 10 11 12 13 14 15

F. Lachercuo ad nat. phot. del. et lith.

Imp. Bequet à Paris

Noblet et Baudry, Éditeurs à Paris.

FIBRES ANIMALES GROSSIES 200 FOIS.

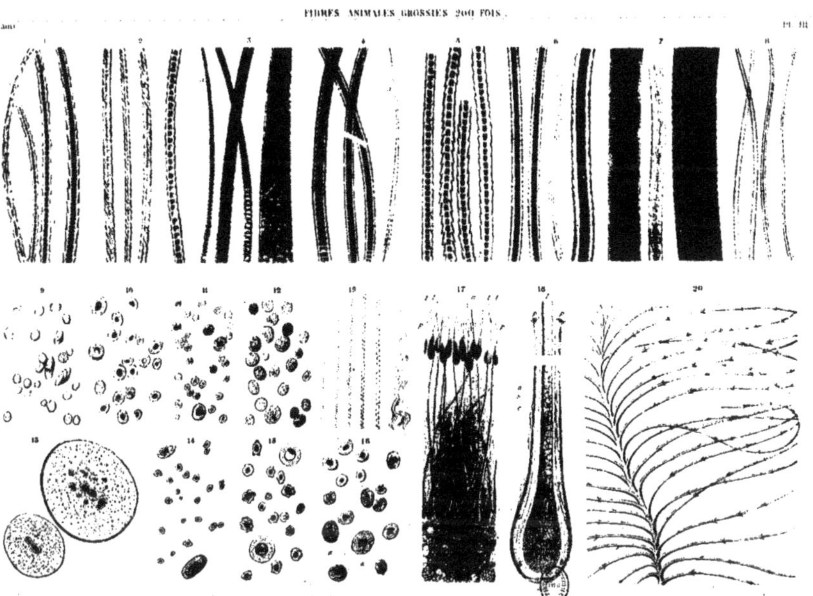

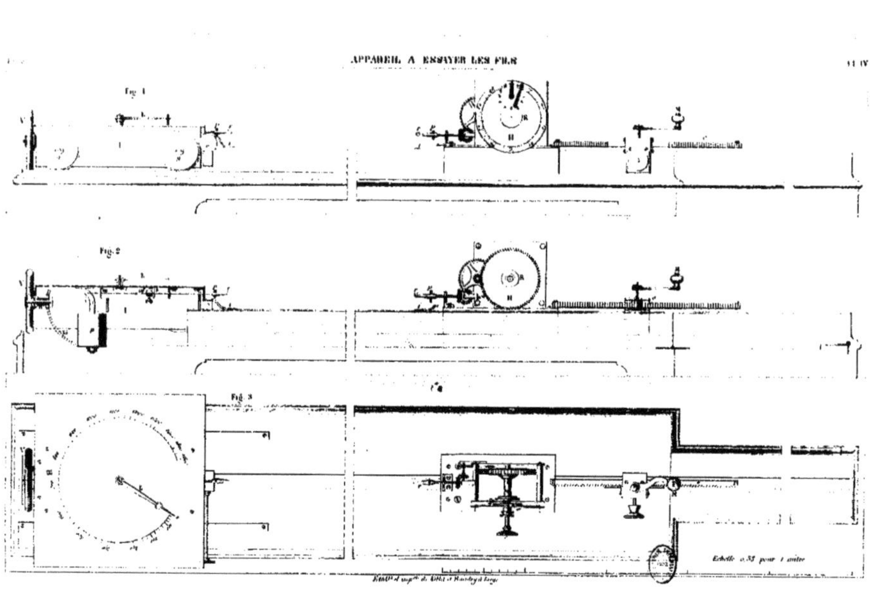
Fig. 1
Fig. 2
Fig. 3
Echelle 0,33 pour 1 mètre

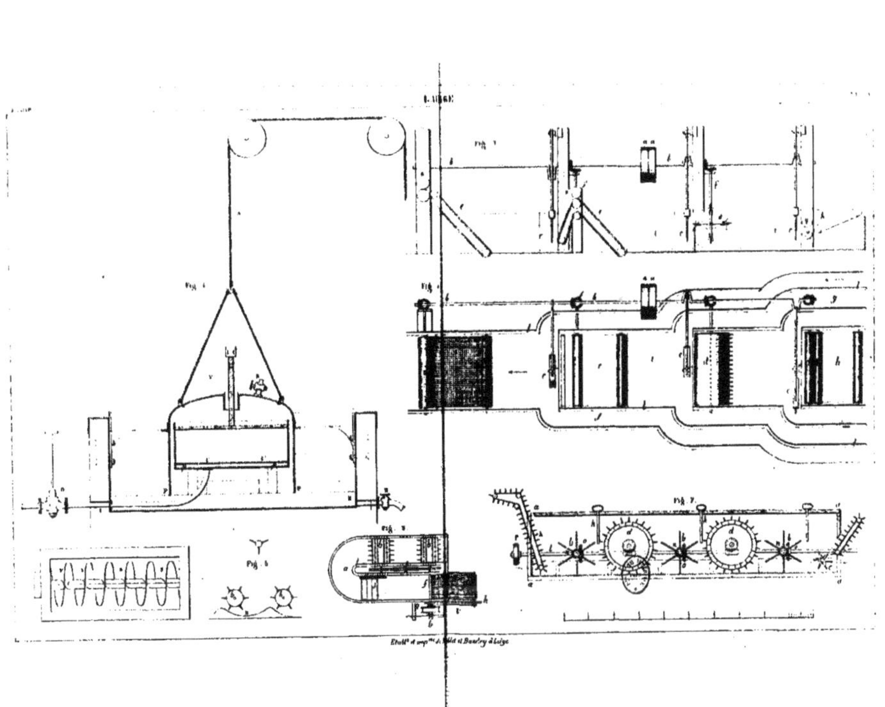

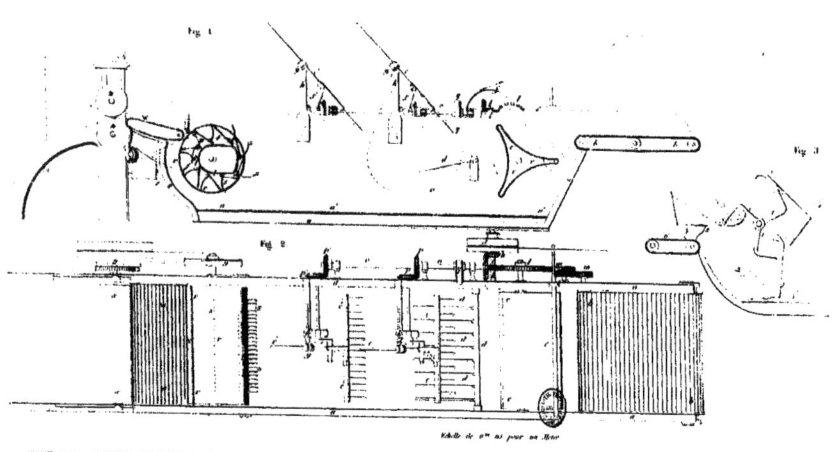

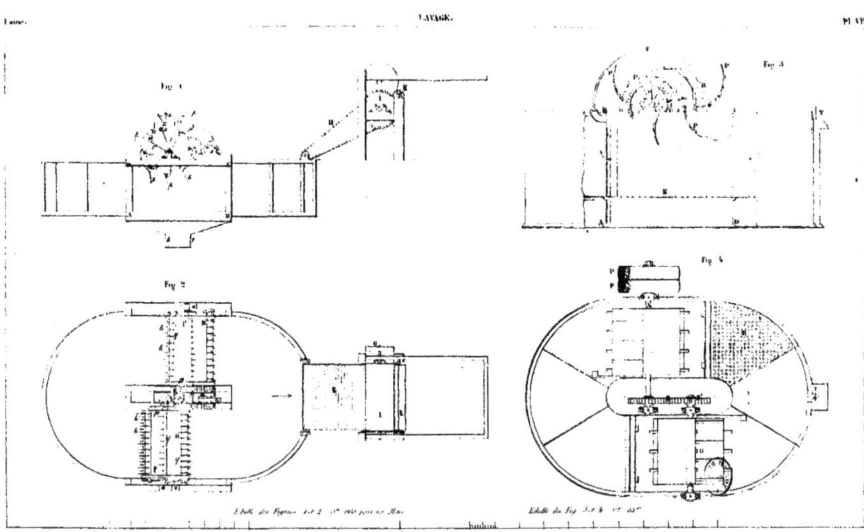

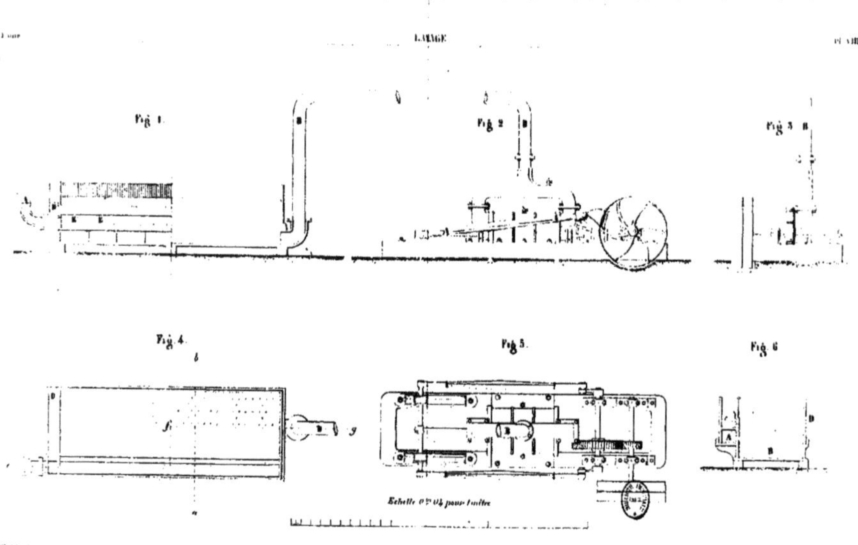

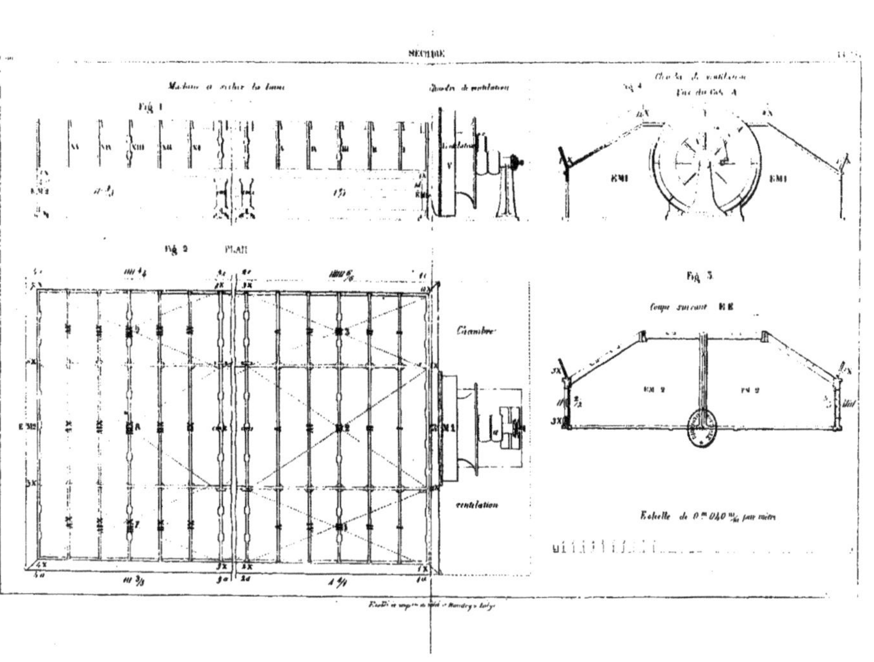

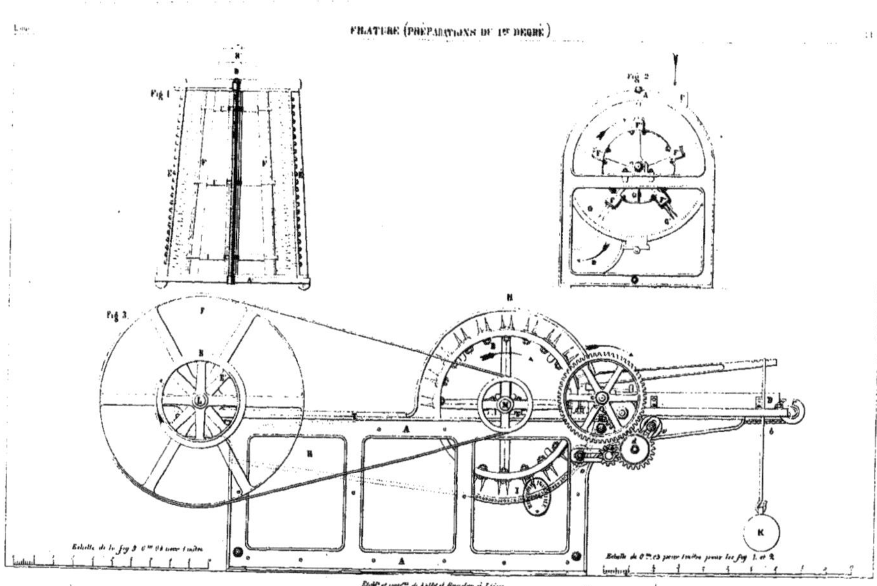
FILATURE (PRÉPARATIONS DU 1er DEGRÉ)
Fig. 1
Fig. 2
Fig. 3

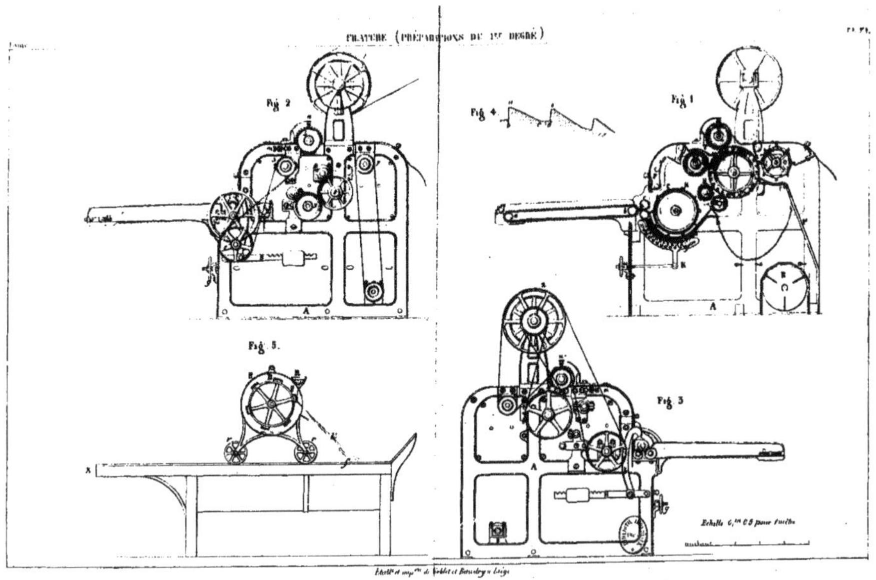
(PRÉPARATIONS DU 1er DEGRÉ)
Fig. 2
Fig. 4
Fig. 1
Fig. 5
Fig. 3

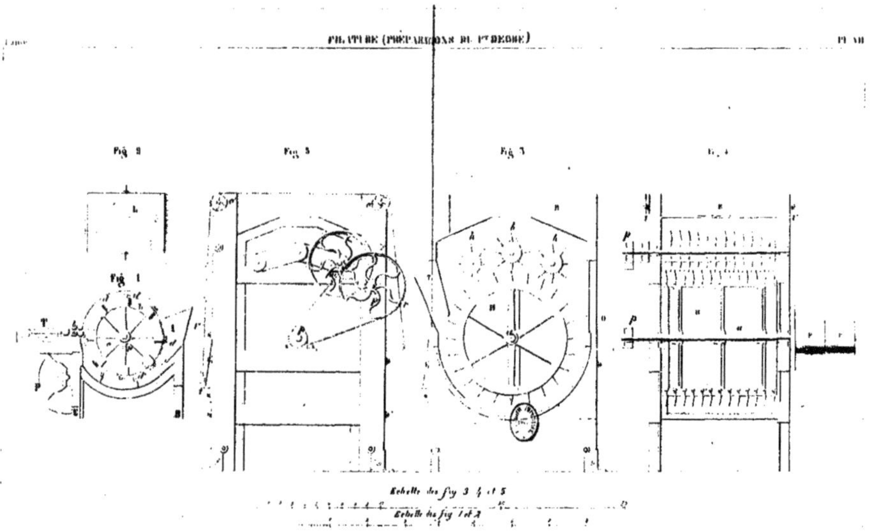
FILATURE (PRÉPARATIONS DU 1er DEGRÉ)
Pl. VII
Fig. 2
Fig. 1
Fig. 3
Echelle des fig. 3, 4 et 5
Echelle des fig. 1 et 2

FILATURE (PRÉPARATIONS DU 1er DEGRÉ) Pl. XIII

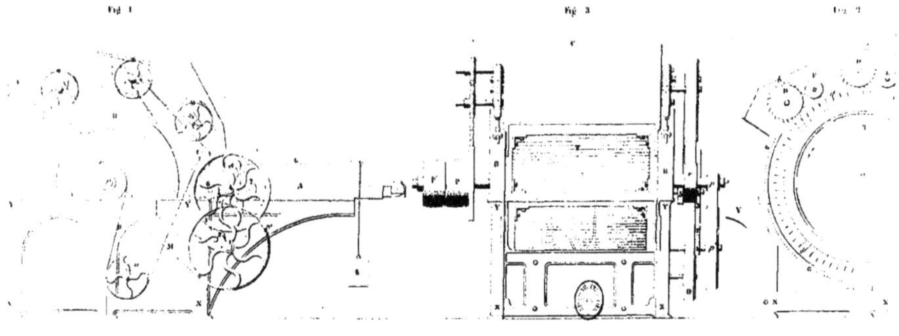

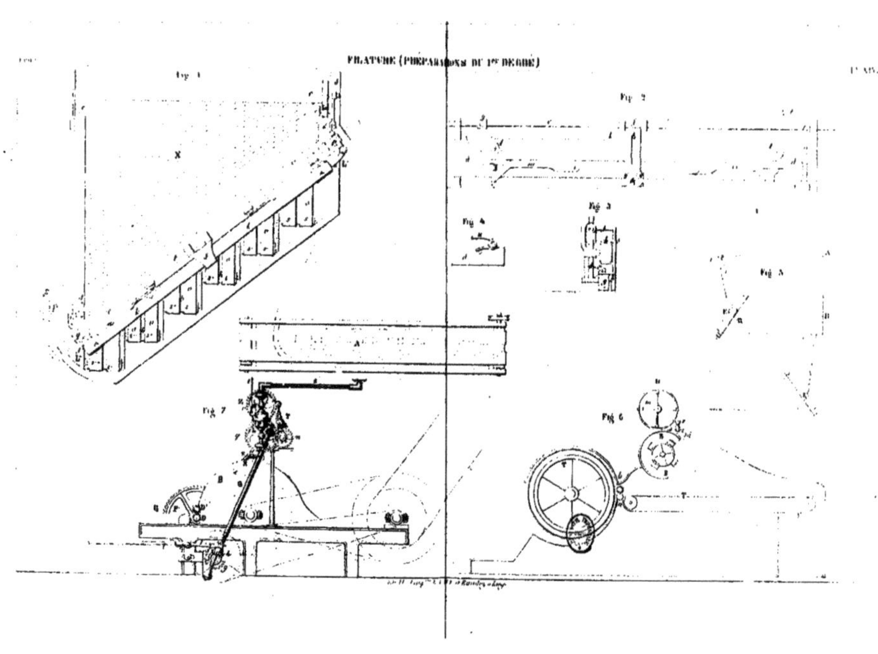
FILATURE (PRÉPARATIONS DU 1er DEGRÉ)
Fig. 2
Fig. 3
Fig. 4
Fig. 5
Fig. 6
Fig. 7

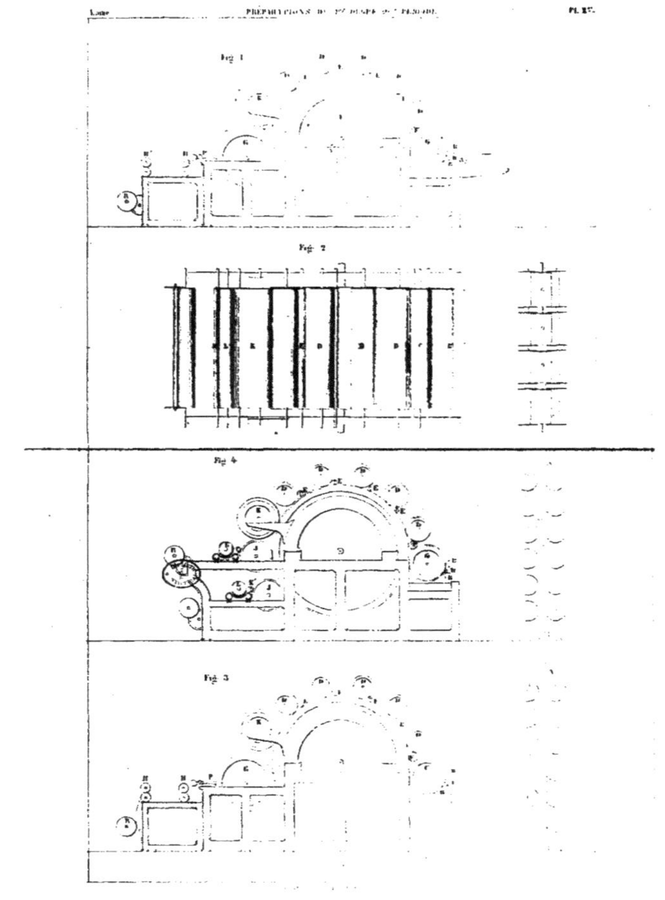

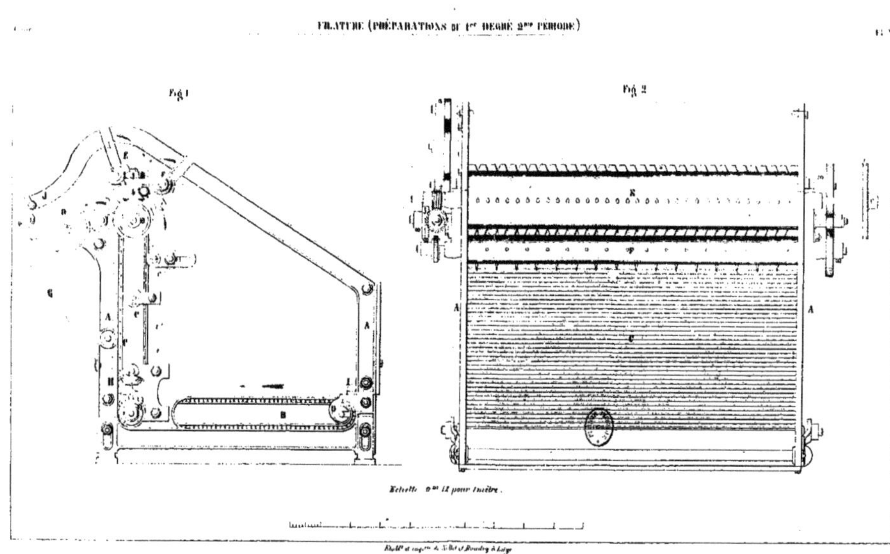
FILATURE (PRÉPARATIONS DU 1er DEGRÉ 2me PÉRIODE)
Fig. 1
Fig. 2
A
B
C
G
H
A
A
Echelle 0m 12 pour 1 mètre.

Fig. 1

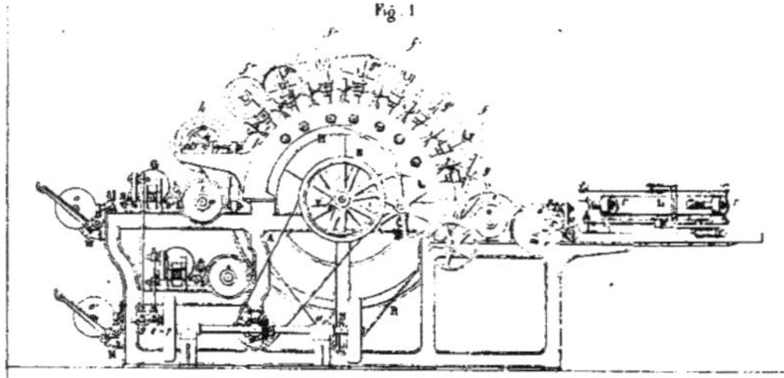

Fig. 2

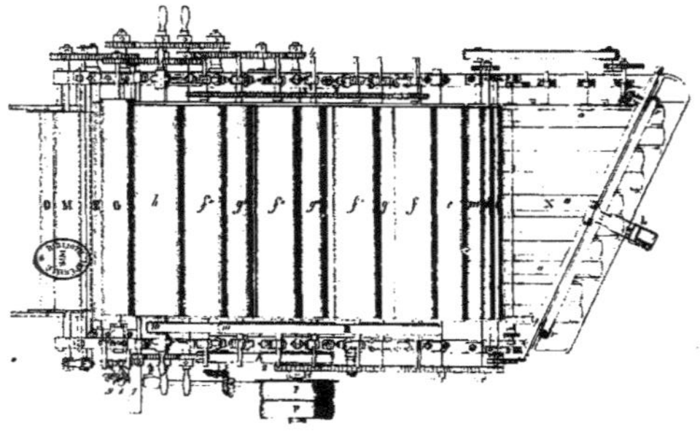

PRÉPARATIONS DU 1er DEGRÉ

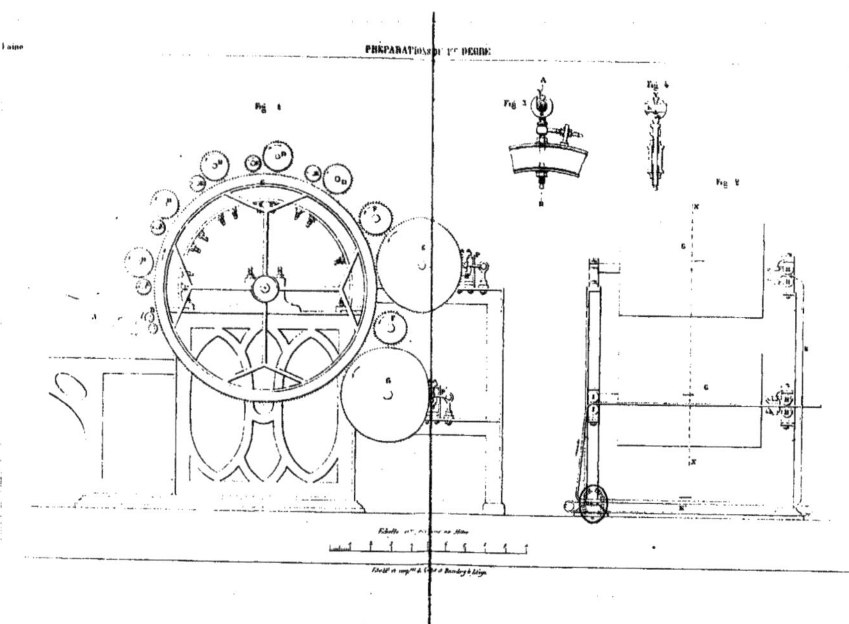

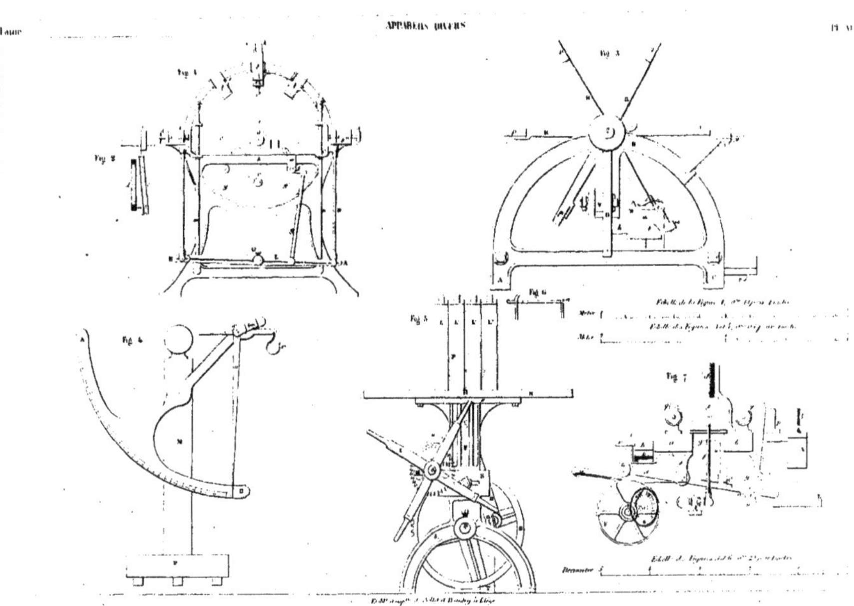

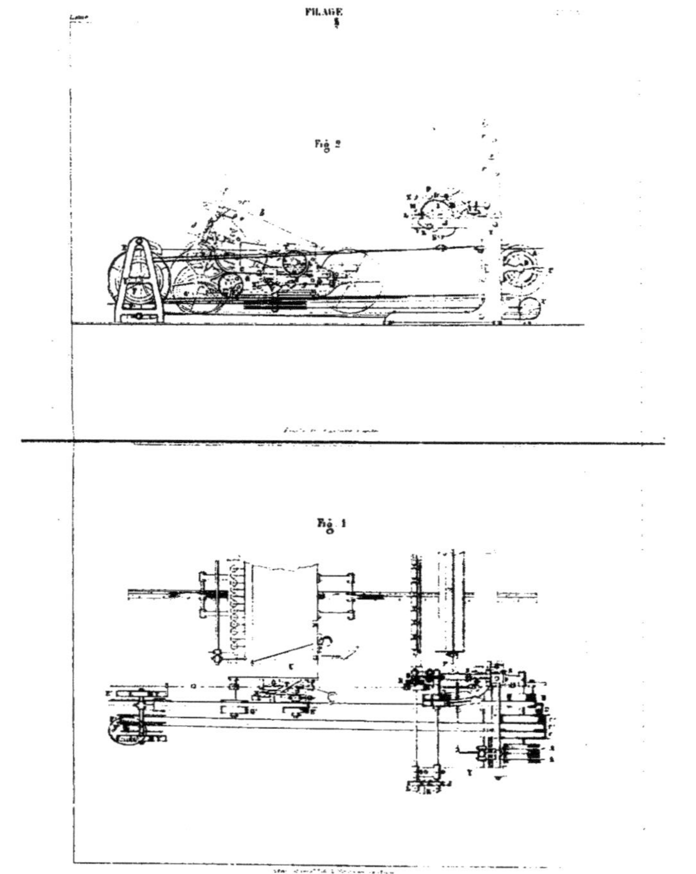
FILAGE
8
Fig. 2
Fig. 1

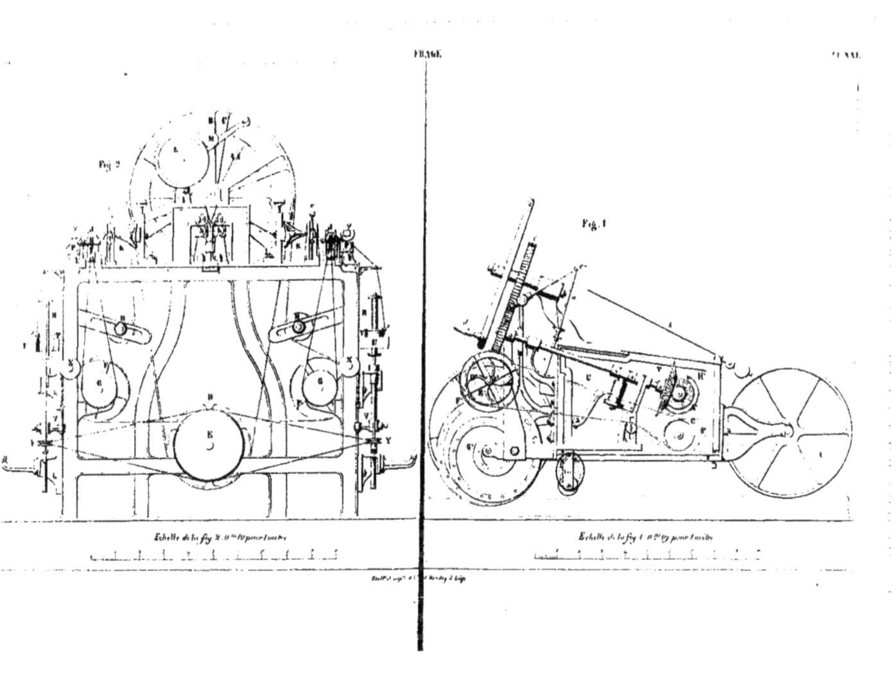

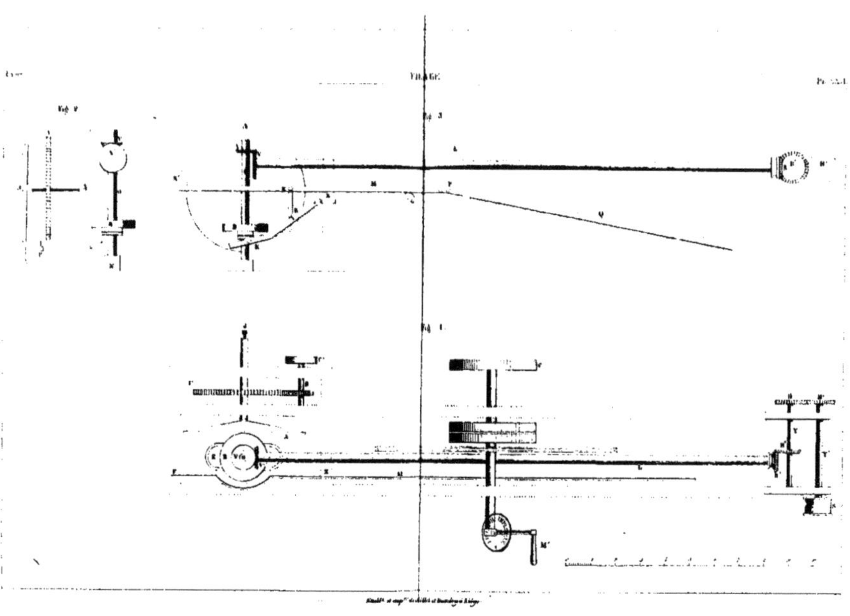
TIRAGE
Fig. 2
Fig. 3
Fig. 1

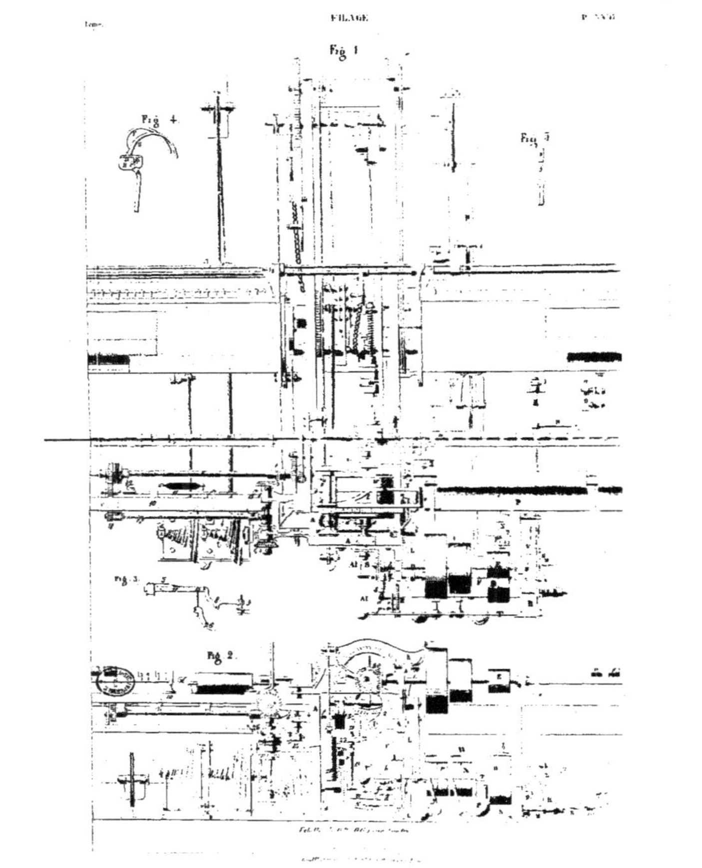
Fig. 1
Fig. 2
Fig. 3
Fig. 4

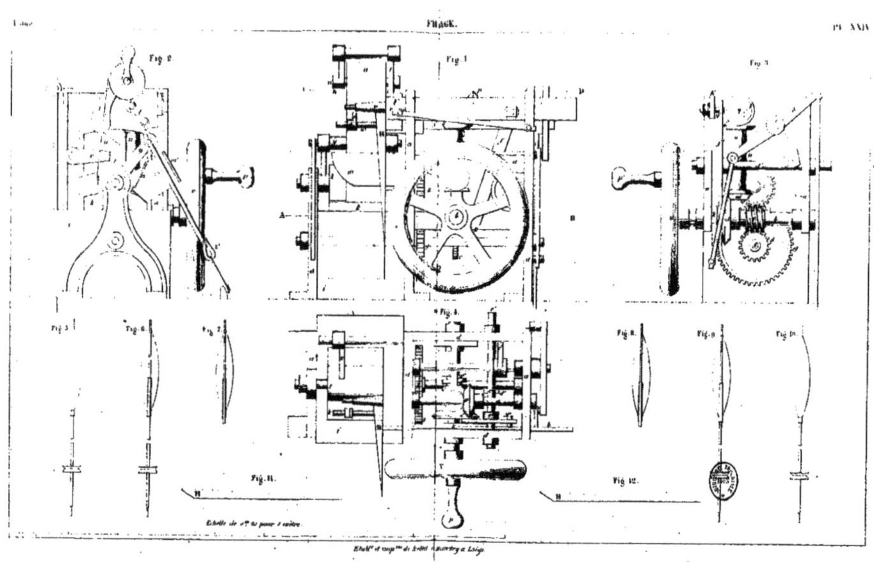
Fig. 1
Fig. 2
Fig. 3
Fig. 11.
Fig. 12.

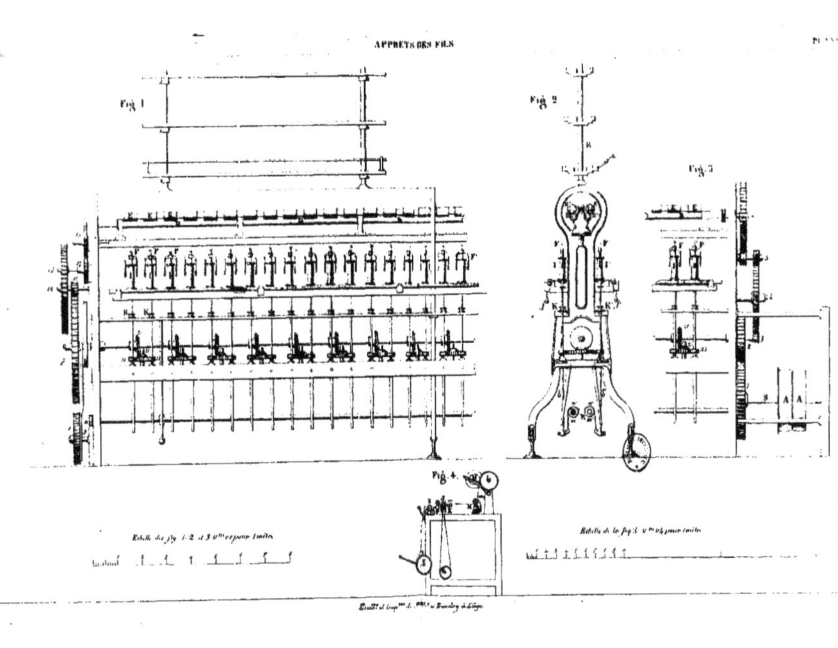
Fig. 1
Fig. 2
Fig. 3
Fig. 4.

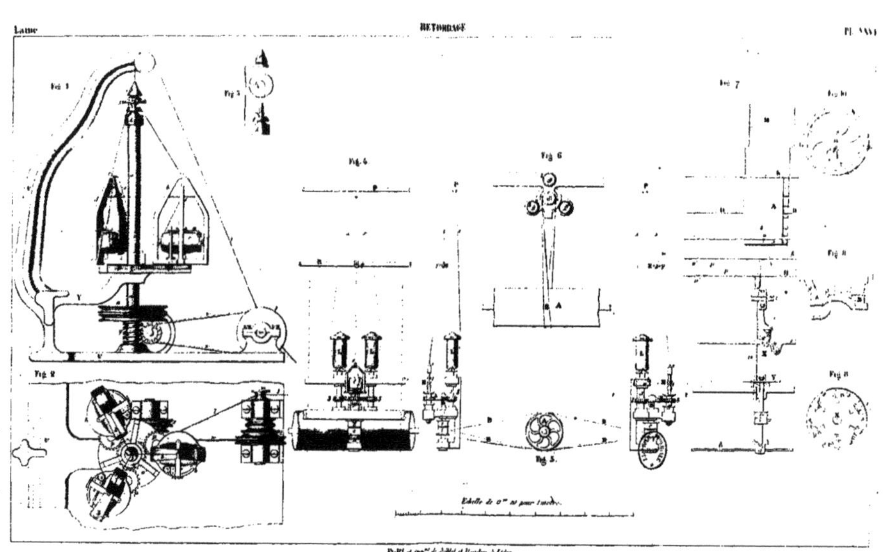
Laine
RETORDAGE
Fig. 1
Fig. 2
Fig. 3
Fig. 4
Fig. 5
Fig. 6
Fig. 7

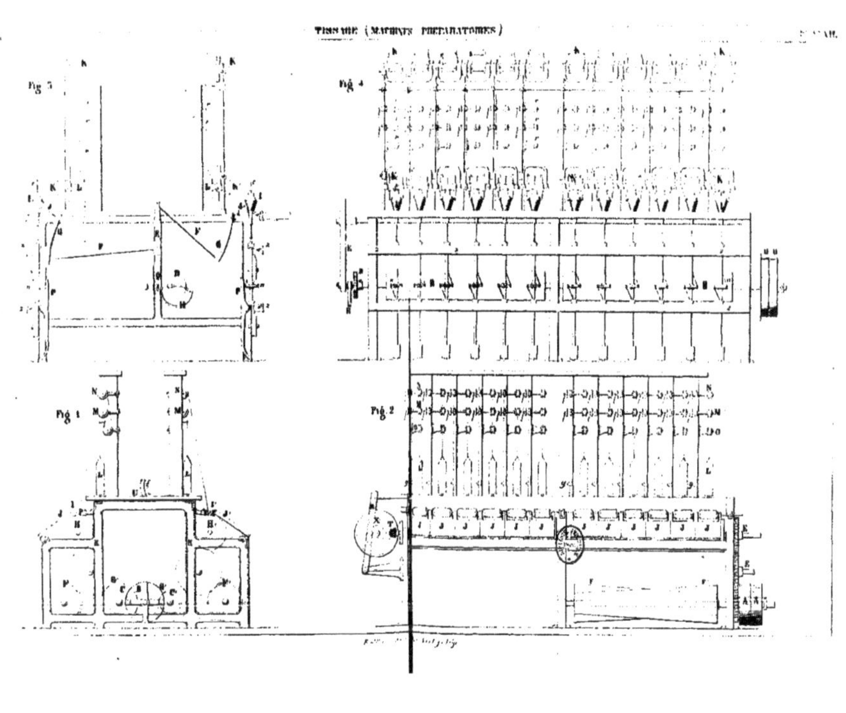
TISSAGE (MACHINES PRÉPARATOIRES)
Fig. 3
Fig. 4
Fig. 1
Fig. 2

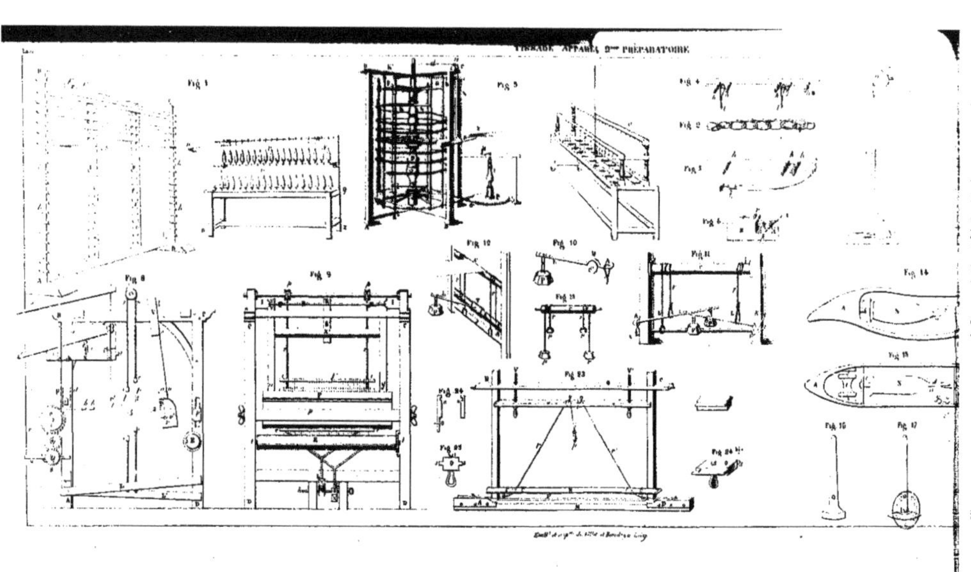

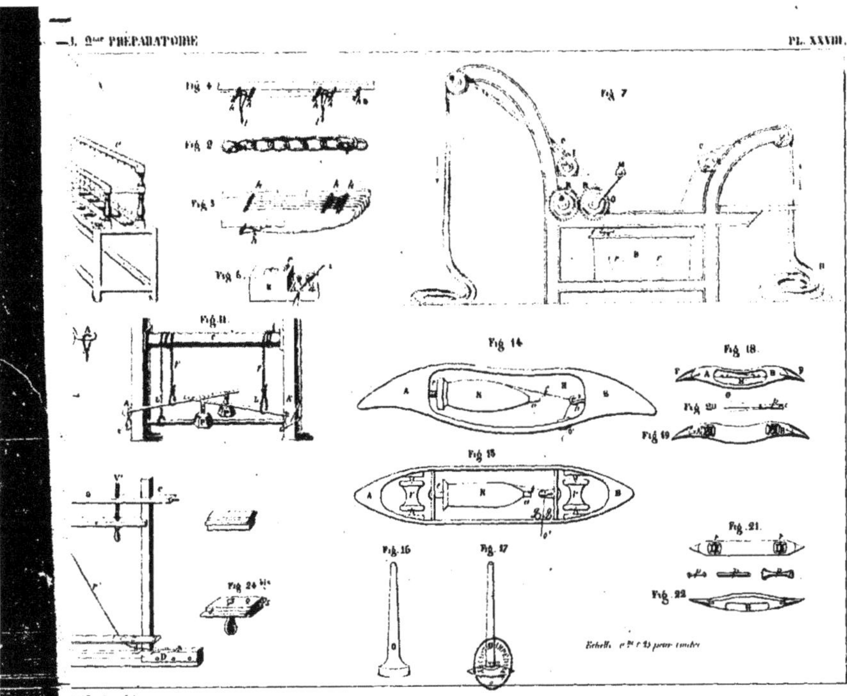
Fig 1
Fig 2
Fig 3
Fig 6
Fig 7
Fig 11
Fig 14
Fig 15
Fig 16
Fig 17
Fig 18
Fig 19
Fig 20
Fig 21
Fig 22
Fig 24 bis
Echelle

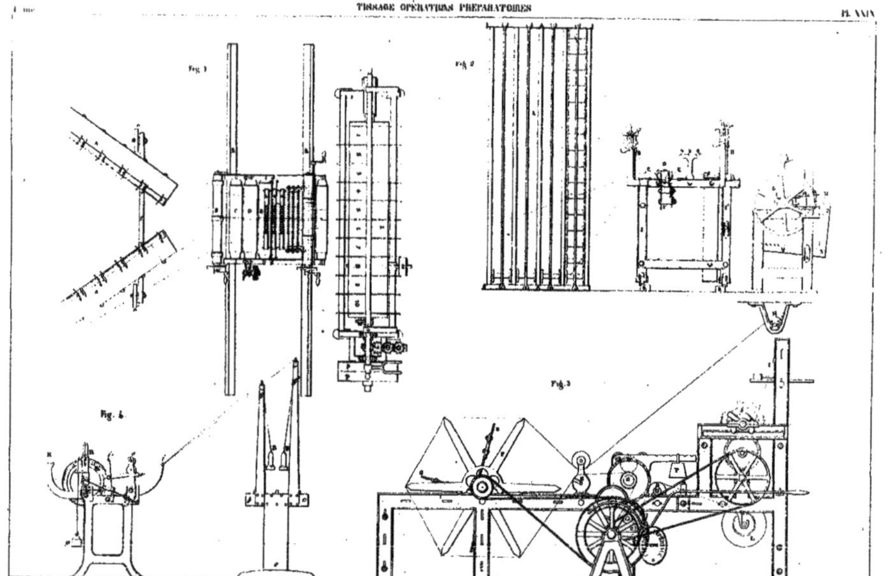
TISSAGE OPÉRATIONS PRÉPARATOIRES
Fig. 1
Fig. 2
Fig. 3
Fig. 4

TISSAGE (MACHINES PRÉPARATOIRES)

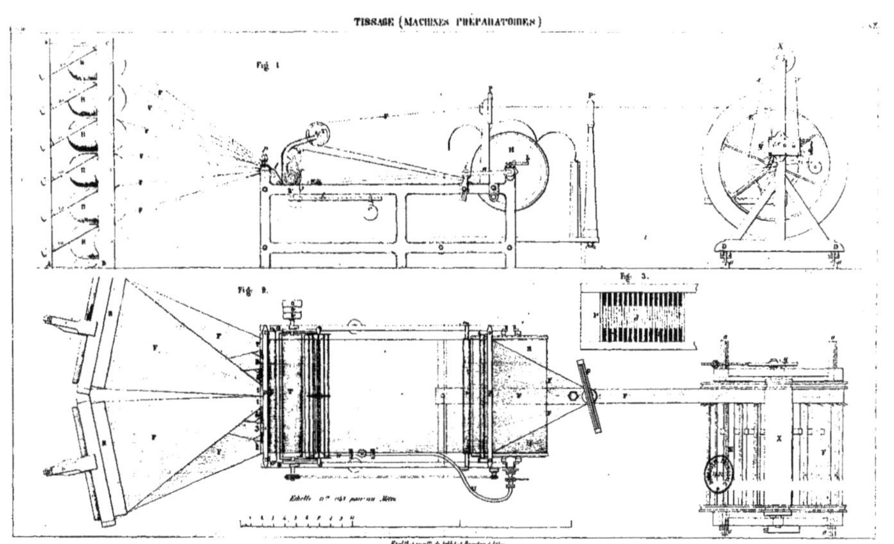

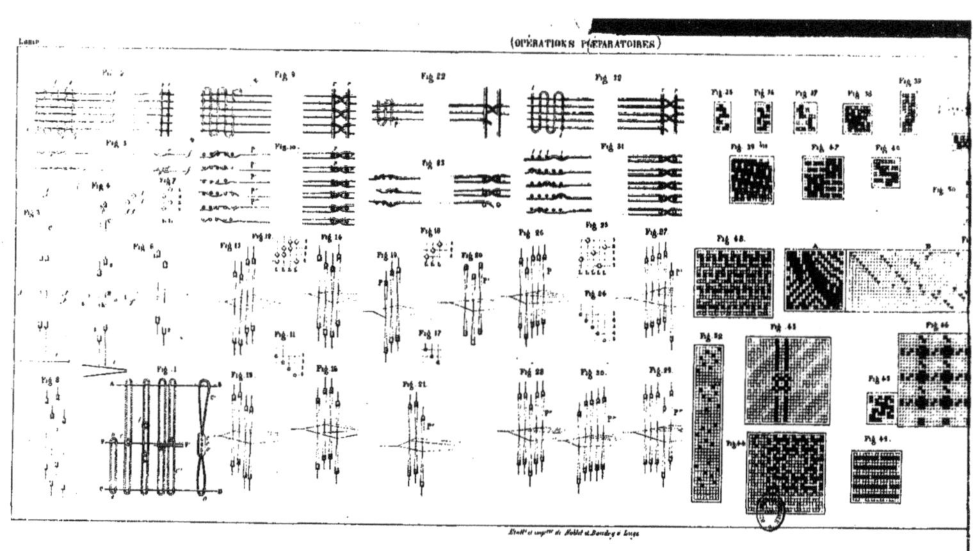
(OPÉRATIONS PRÉPARATOIRES)

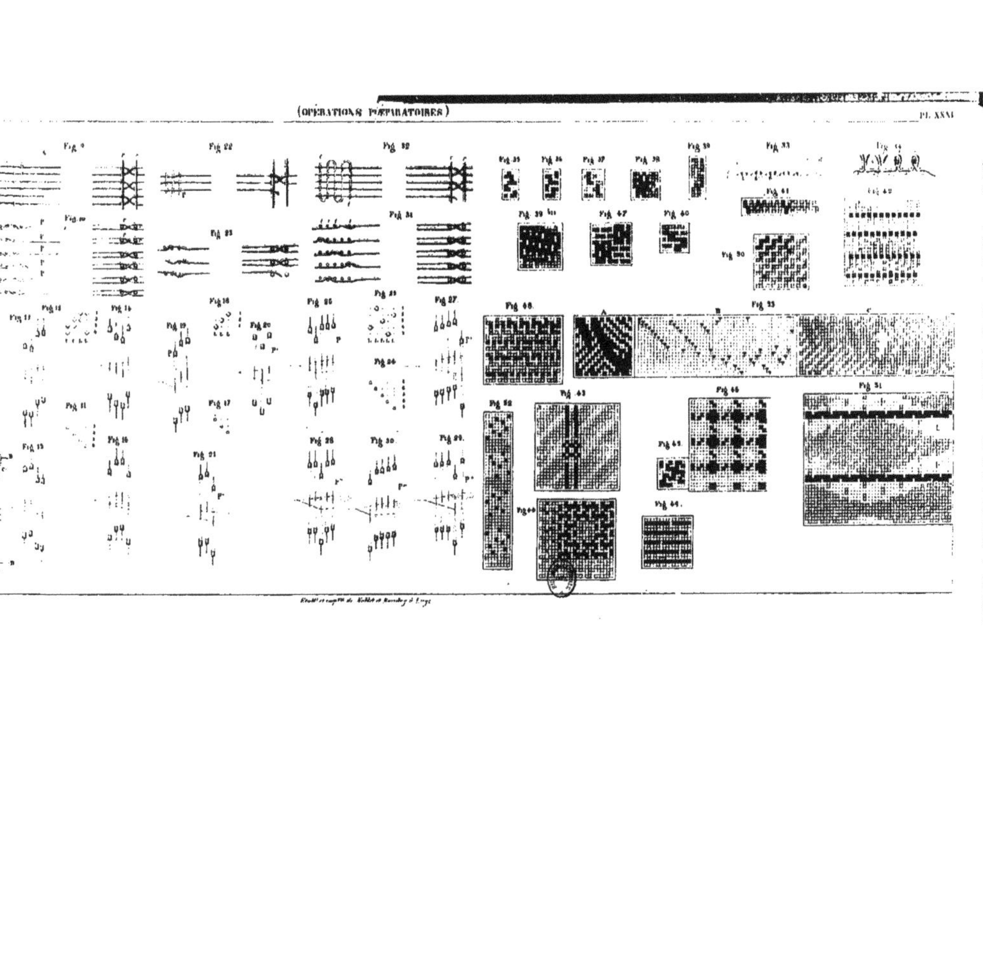

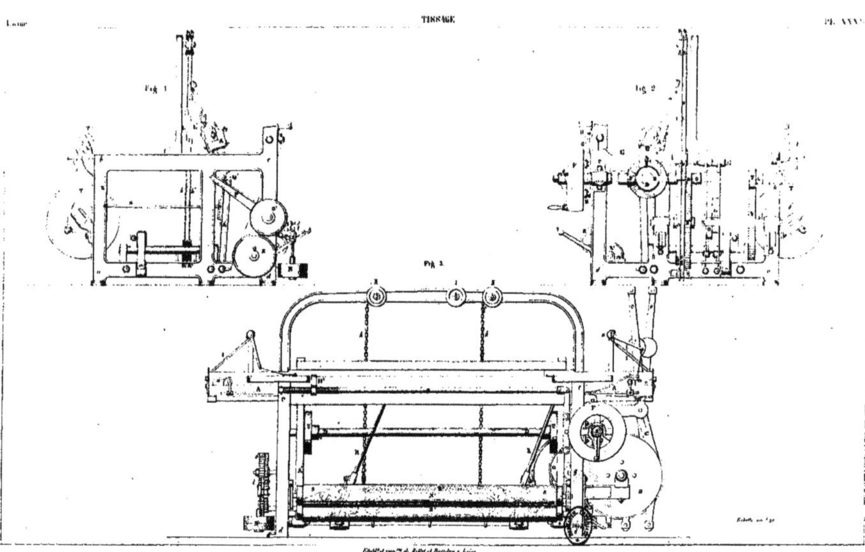
Fig. 1
Fig. 2
Fig. 3

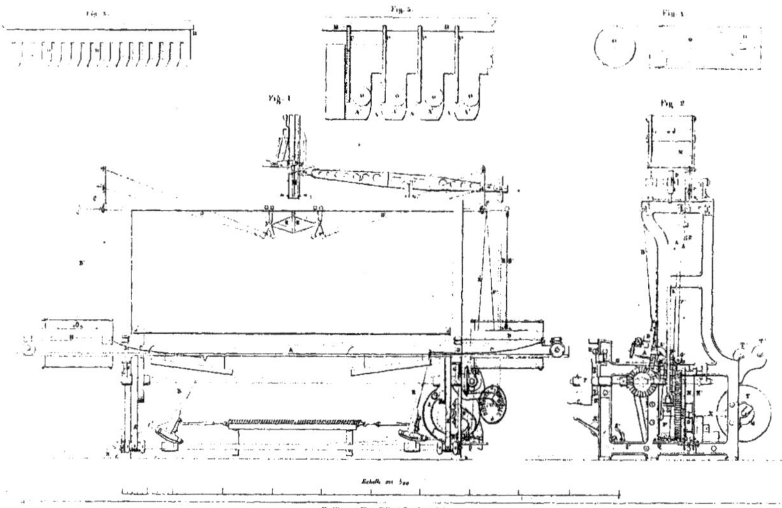

Fig. 3.

Fig. 5.

Fig. 4.

Fig. 1

Fig. 2

Echelle au 1/20

Etabl^t et imp^rie de Kellé et Baudry à Liège

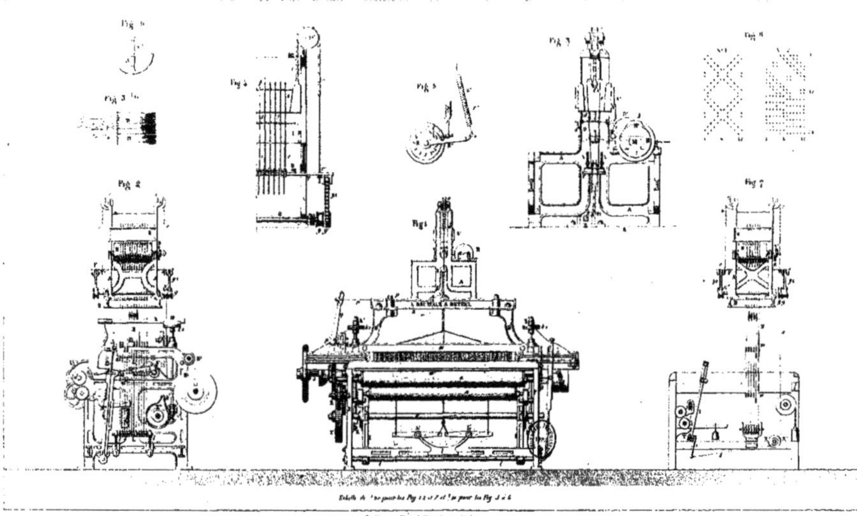

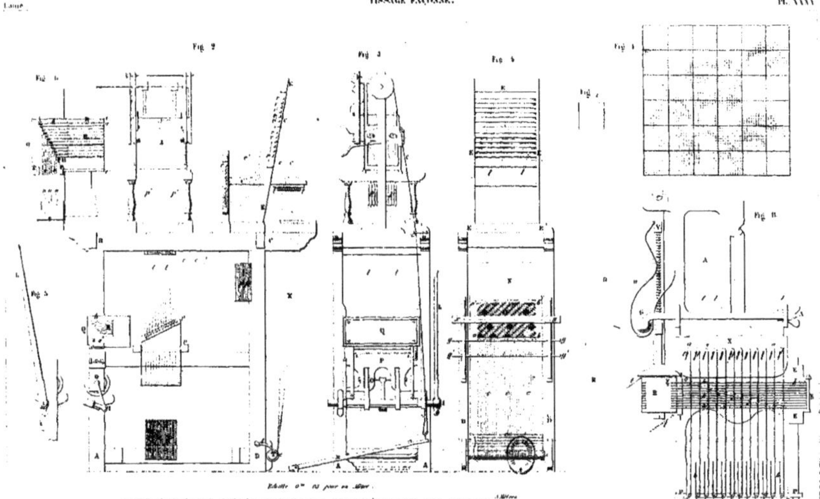

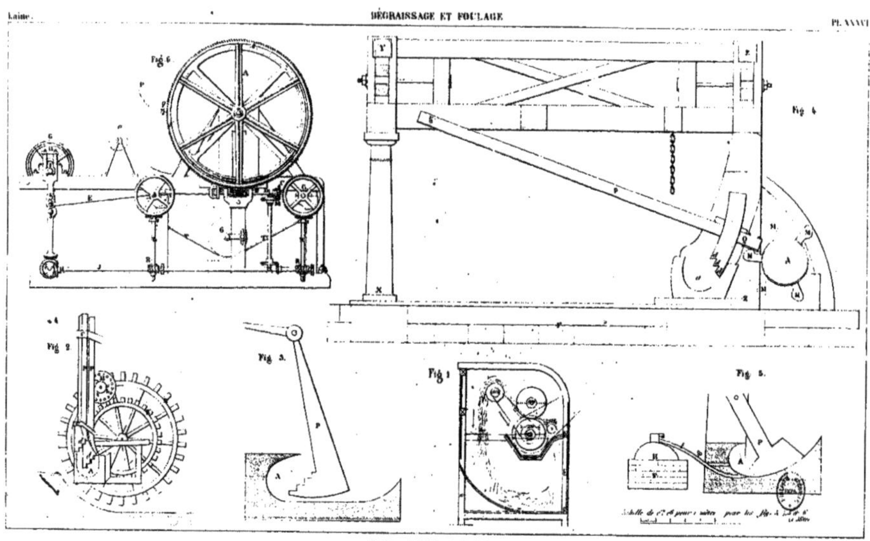

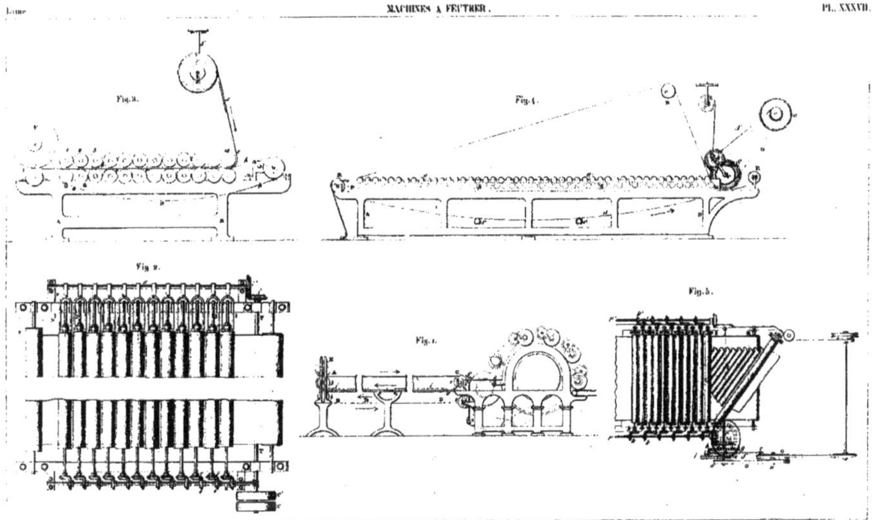
Fig. 3.
Fig. 4.
Fig. 2.
Fig. 1.
Fig. 5.

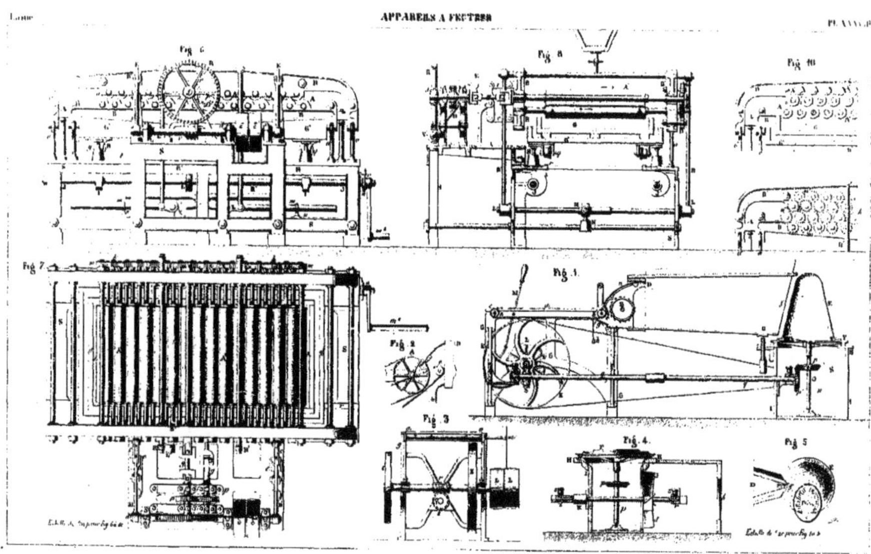
Laine
APPAREILS A FEUTRER
Fig. 6
Fig. 8
Fig. 10
Fig. 7
Fig. 1
Fig. 2
Fig. 3
Fig. 4
Fig. 5

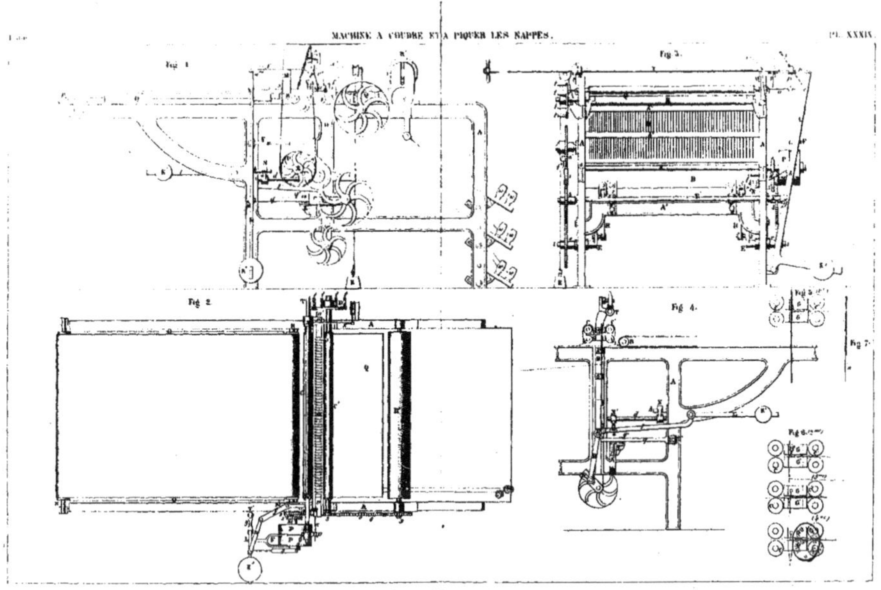

Etabl.t et Imp.ie de Nélis et Beaudry, à Liége.

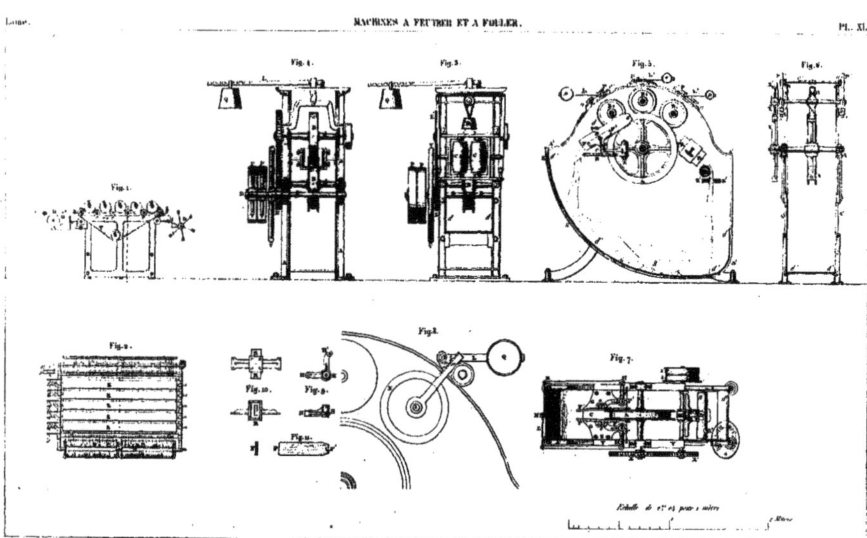

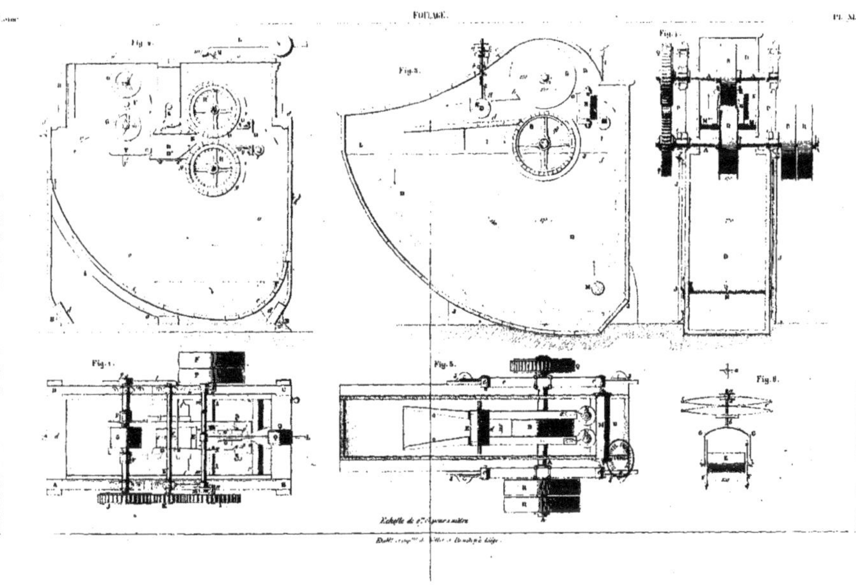
Fig. 3.
Fig. 1.
Fig. 5.
Fig. 6.

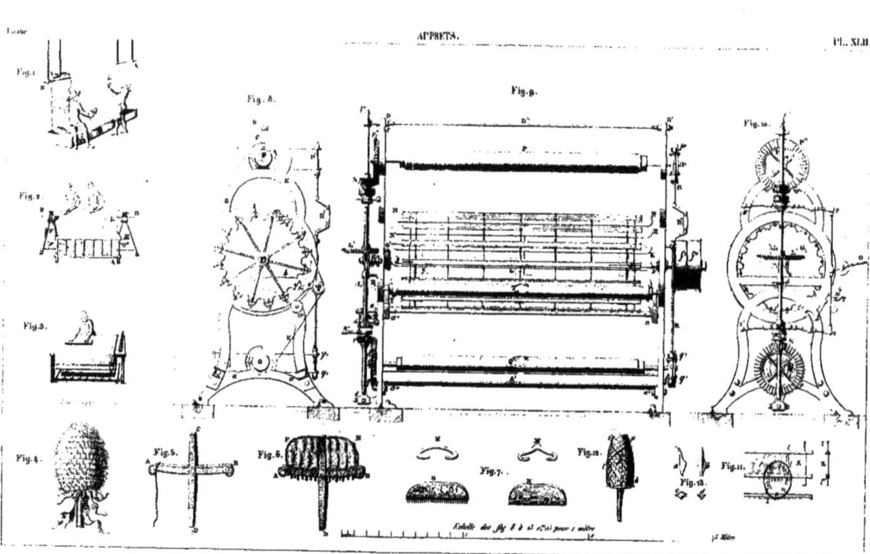
APPRETS.
PL. XLII.
Fig. 1.
Fig. 2.
Fig. 3.
Fig. 4.
Fig. 5.
Fig. 6.
Fig. 7.
Fig. 8.
Fig. 9.
Fig. 10.
Fig. 11.
Fig. 12.
Fig. 13.

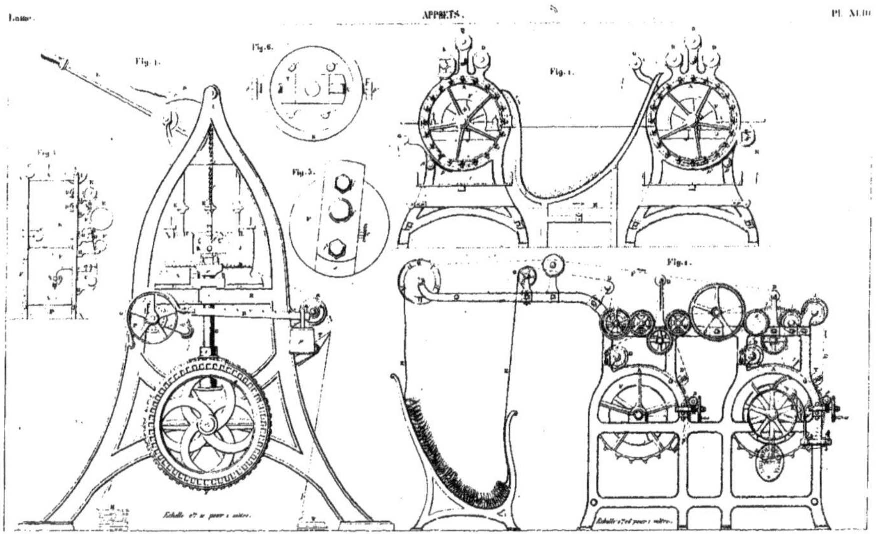

Laine.
APPRÊTS.
Pl. XLIII
Fig. 1.
Fig. 6.
Fig. 5.
Fig. 1.
Fig. 2.

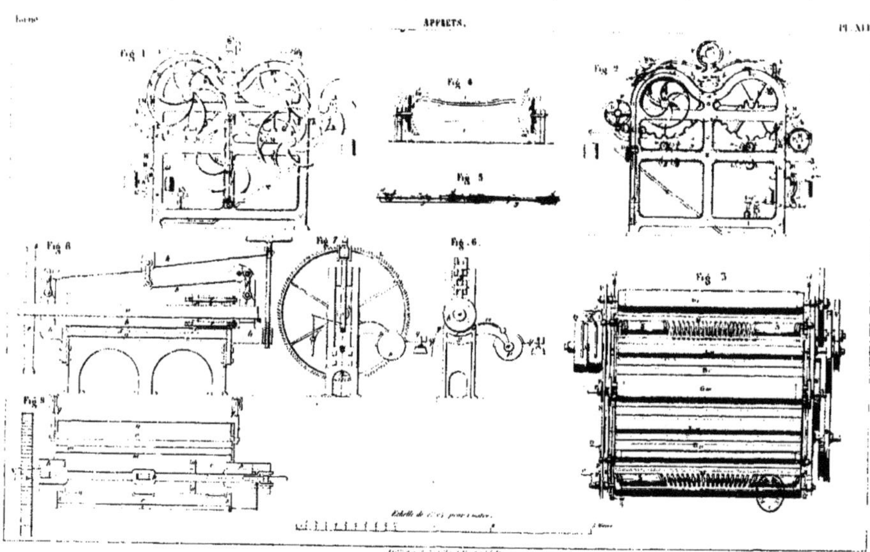

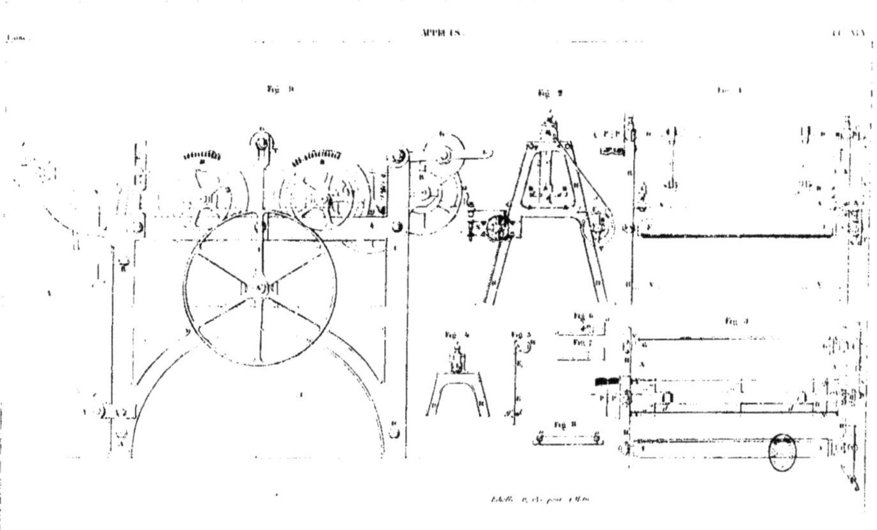

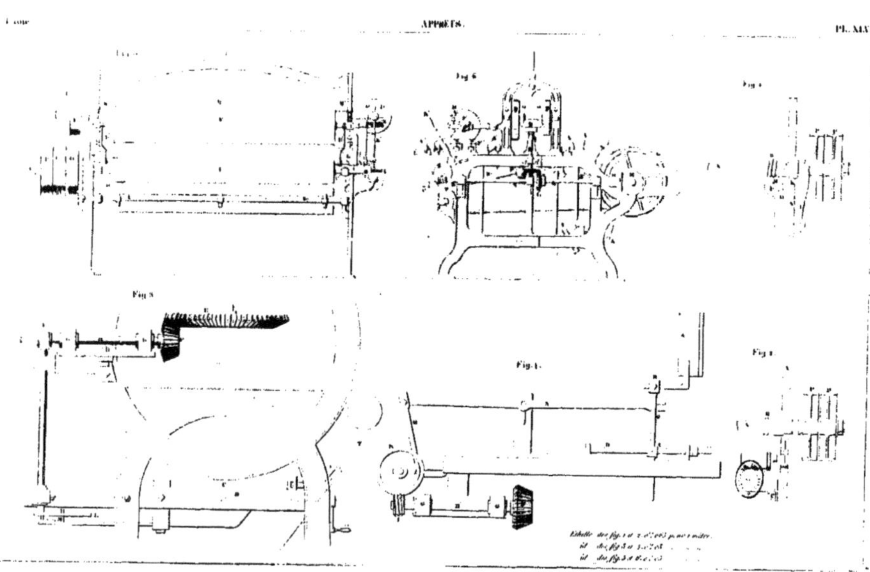

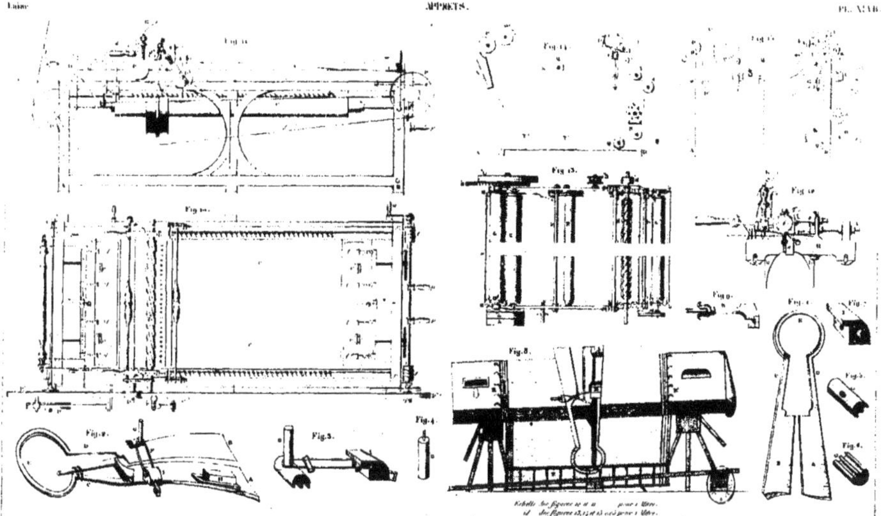
APPRETS.
Fig. 2.
Fig. 3.
Fig. 4.
Fig. 8.

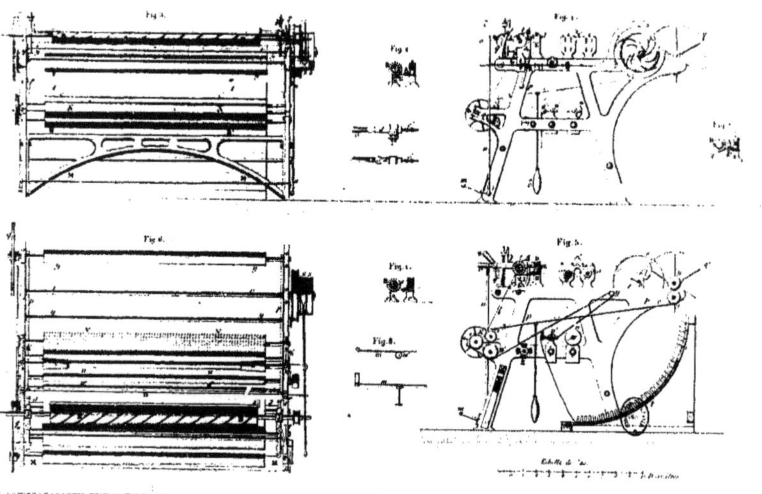
Fig. 3.
Fig. 6.
Fig. 5.
Fig. 8.
Echelle de

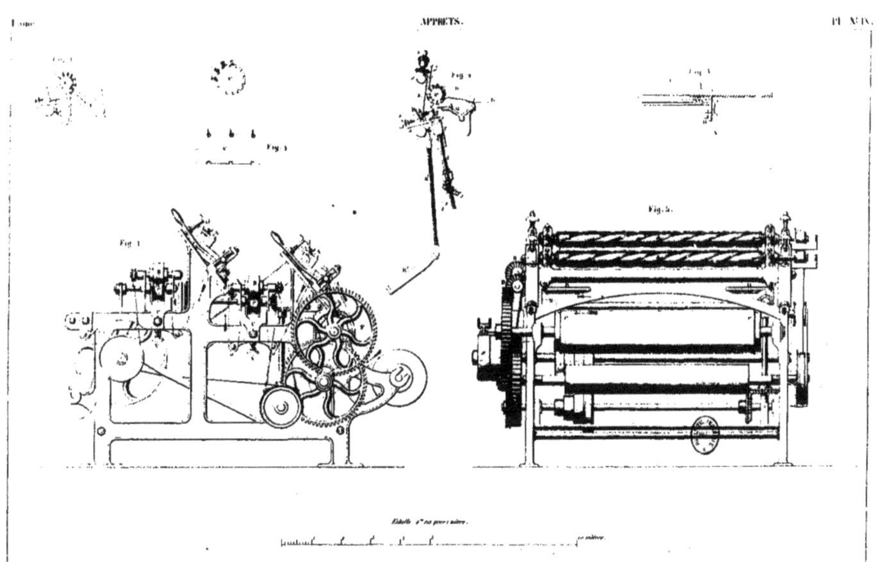
APPRETS.
Fig. 5.

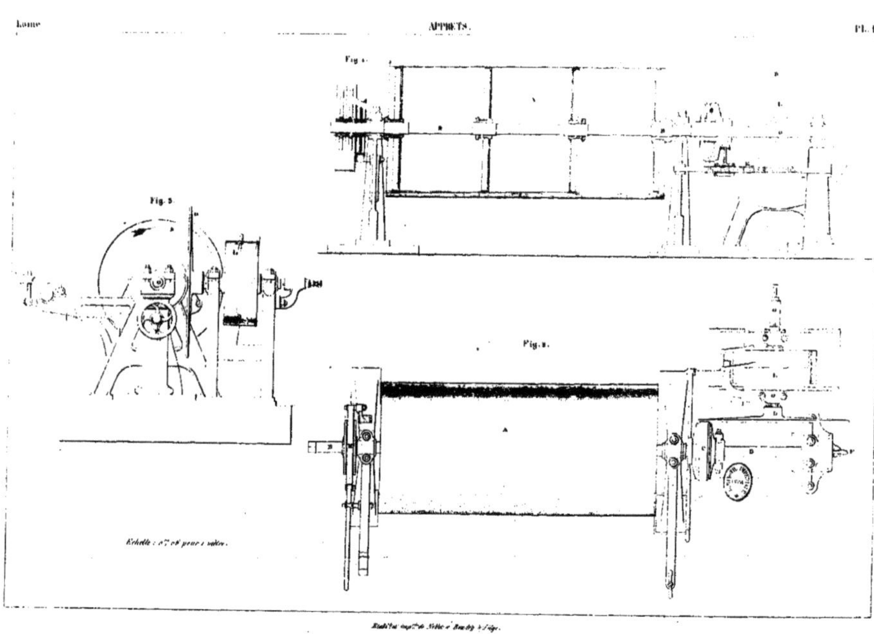
Fig. 3.
Fig. 2.

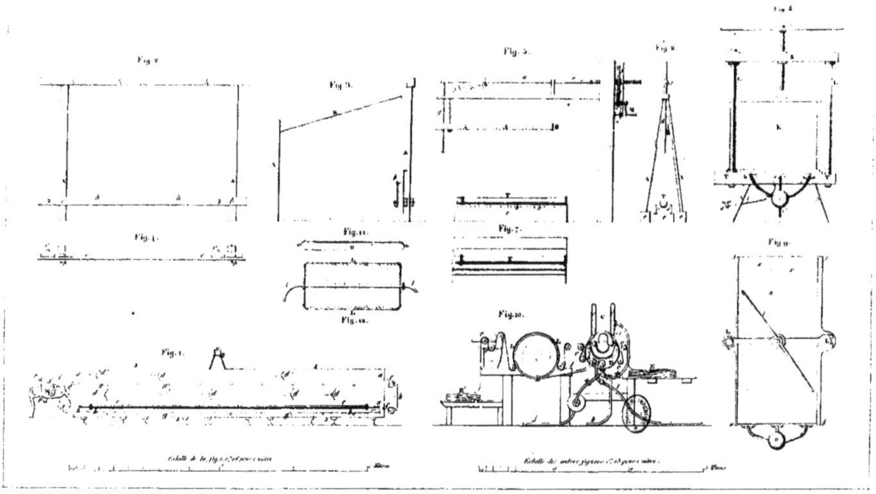

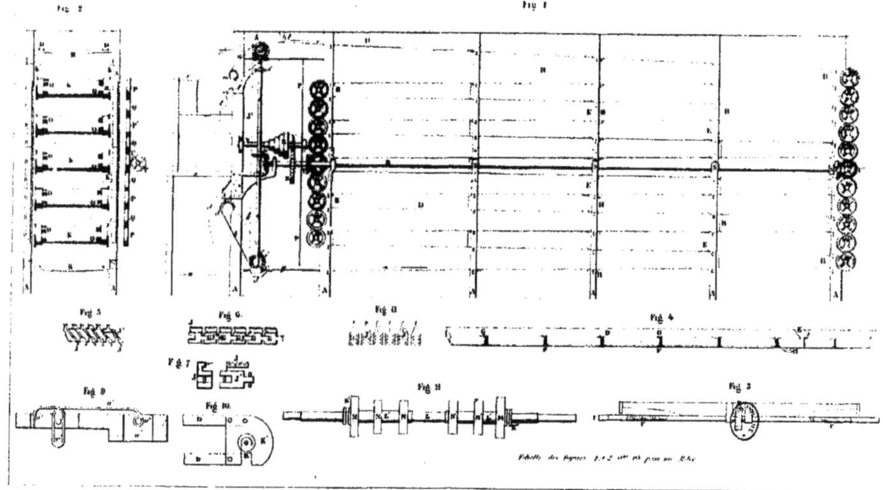
Fig. 1
Fig. 2
Fig. 3
Fig. 4
Fig. 5
Fig. 6
Fig. 7
Fig. 8
Fig. 9
Fig. 10
Fig. 11

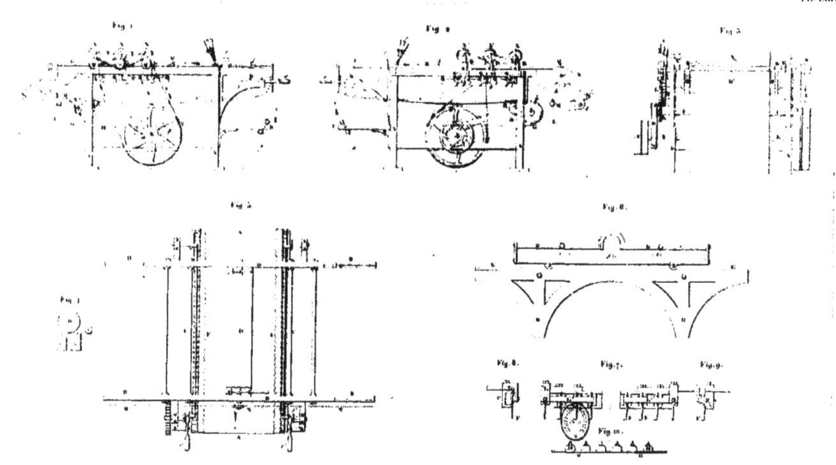
Fig. 6.
Fig. 8.
Fig. 7.
Fig. 9.
Fig. 10.

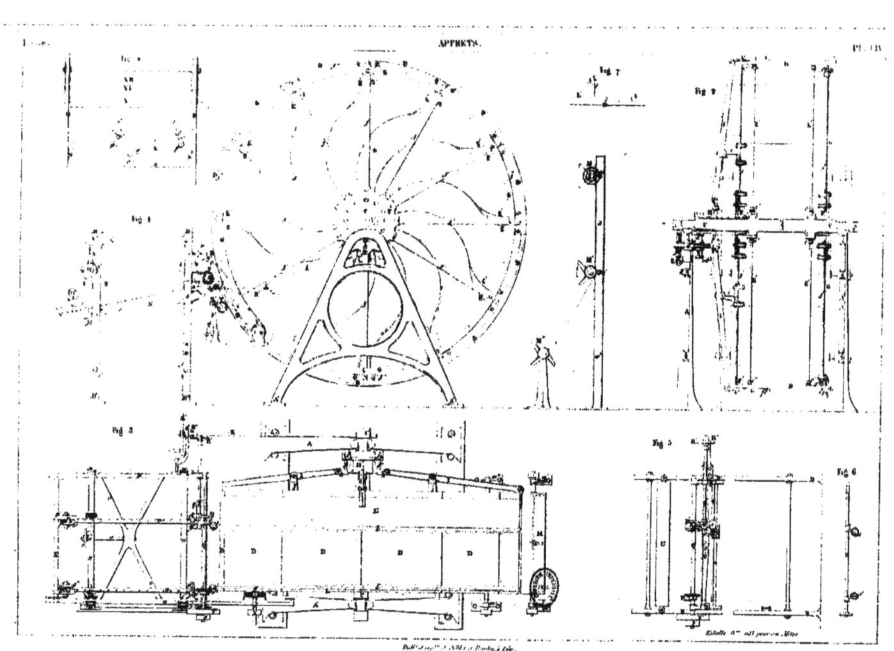
APPRETS.
Fig. 1
Fig. 3
Fig. 5
Fig. 6
Fig. 7

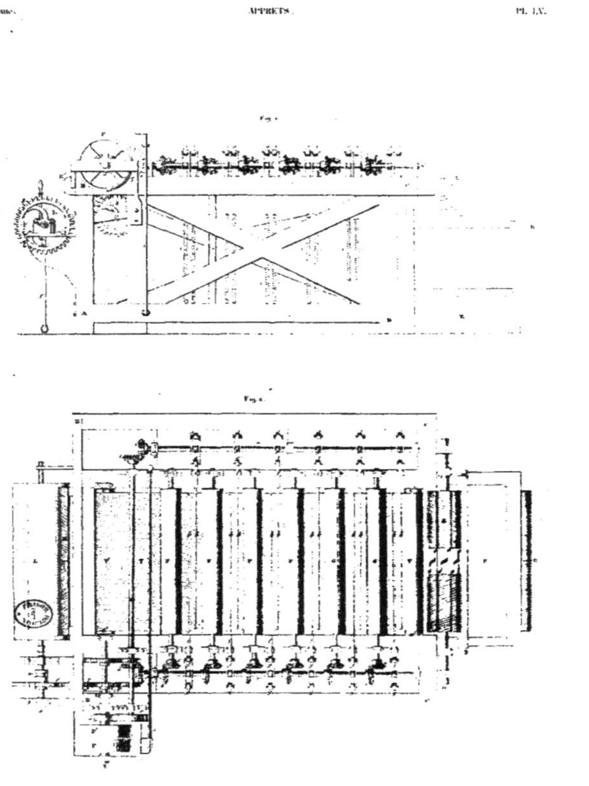

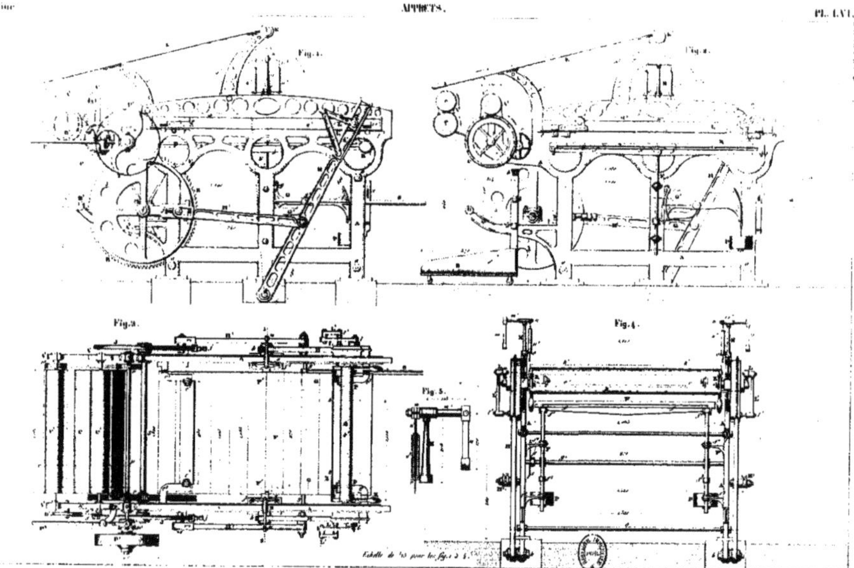
Fig. 1.
Fig. 2.
Fig. 3.
Fig. 4.
Fig. 5.

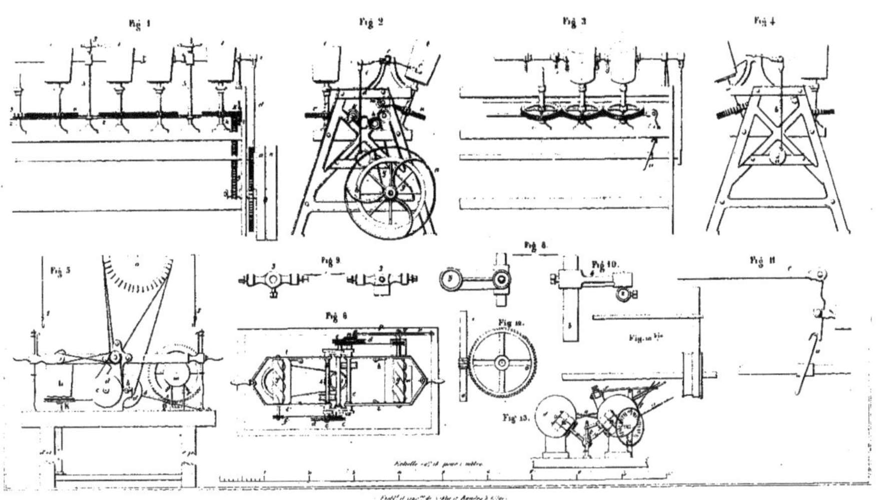

www.ingramcontent.com/pod-product-compliance
Ingram Content Group UK Ltd.
Pitfield, Milton Keynes, MK11 3LW, UK
UKHW021013200726
13857UKWH00004B/1420

9 782011 944375